Ernst Probst

Juravenator

Der Jäger
des Juragebirges

Impressum:
Juravenator
1. Auflage als Print-Buch: August 2019
Autor: Ernst Probst
Im See 11, 55246 Mainz-Kostheim
Telefon: 06134/21152
E-Mail: ernst.probst (at) gmx.de
Herstellung: Amazon Distribution GmbH, Leipzig
Alle Rechte vorbehalten
ISBN: 978-1-686-78353-1

Pflanzen und Tiere aus der Oberjurazeit
vor etwa 150 Millionen Jahren,
am Baunstamm ein Urvogel (Archaeopteryx).
Ausschnitt aus einem Gemälde
von Fritz Wendler (1941–1995)
für das Buch „Deutschland in der Urzeit" (1986)
von Ernst Probst

Paläontologe Luis M. Chiappe im Jahre 2009,
einer der Erstbeschreiber von Juravenator starki.
Foto: TW Hayden / CC-BY-SA4.0 (via Wikimedia Commons),
lizensiert unter Creative-Commons-Lizenz by-sa-4.0,
https://creativecommons.org/licenses/by-sa/4.0/legalcode

Vorwort

Ein 1998 in einem Steinbruch bei Schamhaupten im Kreis Eichstätt (Oberbayern) von den ehrenamtlichen Grabungshelfern Klaus-Dieter Weiß und Hans-Joachim Weiß entdeckter Dinosaurier steht im Mittelpunkt des Taschenbuches „Juravenator: Der Jäger des Juragebirges". Die Grabung wurde von dem damaligen Direktor des „Jura-Museums Eichstätt", Günther Viohl, initiiert und geleitet. Um die mühsame Präparation des Sauriers aus dem betonharten Gestein machte sich der Präparator Pino Völkl verdient. Der von der Kopf- bis zur Schwanzspitze vermutlich etwa 80 Zentimeter lange *Juravenator* stammt aus der Oberjurazeit vor rund 151 Millionen Jahren, kam vermutlich durch eine Flutwelle ums Leben und ist ein wahrer Sensationsfund. Denn es handelt sich um eine unbekannte Art, von der bisher nur ein Exemplar bekannt ist, und um den am besten erhaltenen Raubtierfußdinosaurier in Europa! 2006 beschrieben die Paläontologen Ursula B. Göhlich und Luis M. Chiappe diesen Fund und gaben ihm den wissenschaftlichen Namen *Juravenator starki*. Damit ehrten sie den Besitzer des Steinbruches, in dem dieser Raubdinosaurier geborgen wurde.

Schamhaupten beim „Schambach-Ursprung".
Aquarell von Siegfried Schieweck-Mauk, Eichstätt.
Foto: Siegfried Schieweck-Mauk / CC-BY-SA2.0
(via Wikimedia Commons),
lizensiert unter Creative-Commons-Lizenz by-sa-2.0-de,
https://creativecommons.org/licenses/by-sa/2.0/de/legalcode.de

Juravenator

Der Jäger des Juragebirges

Seit vielen Jahren verbrachten die Brüder Klaus-Dieter Weiß und Hans-Joachim Weiß aus dem hessischen Kelkheim im Taunus einen großen Teil ihrer Freizeit in Steinbrüchen, um Fossilien zu suchen und zu bergen. So war es auch im Sommer 1998 der Fall. Damals gingen der Schlosser und der Lehrer in dem von 1988 bis 1998 vom „Jura-Museum Eichstätt" von Grundstückseigentümer Franz Stark gepachteten Steinbruch bei Schamhaupten unweit von Altmannstein im Kreis Eichstätt (Oberbayern) wieder ihrem körperlich anstrengenden Hobby nach.

Dieser Steinbruch liegt etwa einen Kilometer von der Mitte des Dorfes Schamhaupten entfernt. Das „Jura-Museum Eichstätt" unter dem damaligen Direktor Dr. Günther Viohl ließ dort Grabungen vornehmen, um die bis dahin nur spärlich bekannte Pflanzen- und Tierwelt der Schambacher Kieselkalke aus der Oberjurazeit vor ungefähr 151 Millionen Jahren zu erforschen. Viohl initiierte und leitete die Grabung bei Schamhaupten.

Beim Abtragen von rund 140 Kubikmetern Gestein förderten die Brüder Weiß fossile Farnwedel, Tintenfische und Schildkröten ans Tageslicht. Museumsdirektor Viohl und der Eichstätter Bischof waren von den fast 2.000 Fossilien, welche die ehrenamtlichen Grabungshelfer dem „Jura-Museum Eichstatt" übergaben, zwar beeindruckt, meinten aber, jetzt werde es Zeit, dass die beiden „etwas Gescheites" entdeckten.

„Mit Gottes Segen" – so hieß es später im Nachrichtenmagazin „Focus" – fuhr Klaus-Dieter Weiß an einem Tag im August

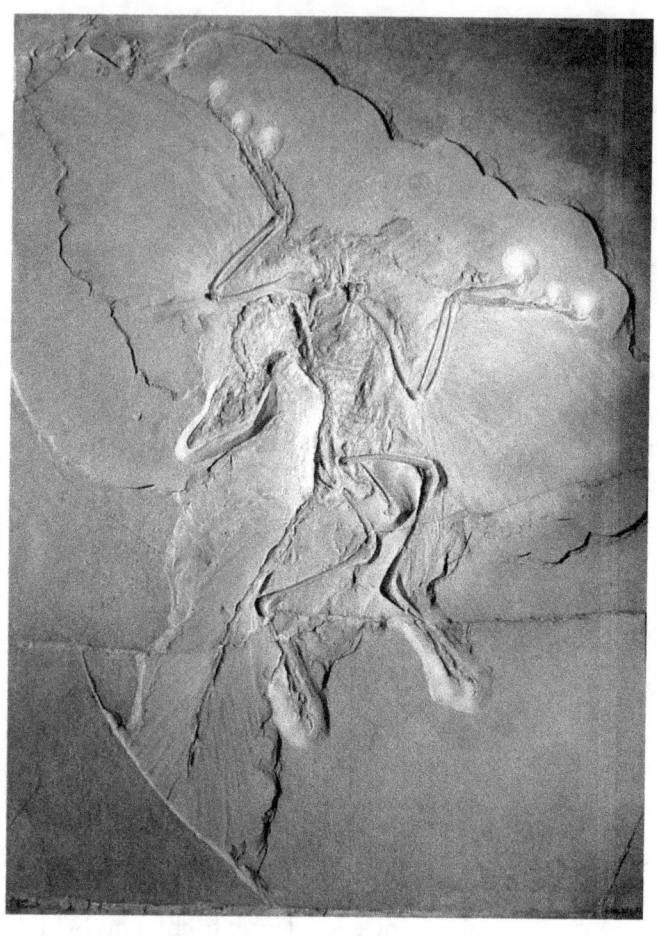

„Berliner Exemplar" des Urvogels Archaeopteryx
aus der Oberjurazeit vom Blumenberg bei Eichstätt (Oberbayern).
Original im „Museum für Naturkunde" in Berlin.
Foto: H. Raab (User Vesta) / CC-BY-SA3.0
(via Wikimedia Commons),
lizensiert unter Creative-Commons-Lizenz by-sa-3.0-en,
https://creativecommons.org/licenses/by-sa/3.0/legalcode

1998 wieder zum Steinbruch bei Schamhaupten und spaltete dort wie gewohnt eine Gesteinsplatte nach der anderen. Als er dabei plötzlich einen Schädel erblickte, glückte ihm die Ent-deckung seines Lebens. Dies geschah wenige Monate vor Ablauf des zehnjährigen Pachtvertrages zwischen dem „Jura-Museum Eichstätt" und dem Grundstücksbesitzer Franz Stark.

In der Ingolstädter Zeitung „Donau-Kurier" schilderte Eva Chloupek ein Jahrzehnt später, wie der „Fund ihres Lebens" für die Brüder Weiß gelang: „Fieberhaft spalten die beiden Brüder und leidenschaftlichen Fossiliensucher in großer Eile Platte um Platte. Jener Augusttag 1998 wird Klaus-Dieter und Hans Weiß auf ewig in Erinnerung bleiben. Denn an diesem Tage gingen der Schlosser und der Lehrer aus dem hessischen Kelkheim im Taunus als Entdecker des *Juravenator* in die Paläontologie-Geschichte ein – obwohl die sensationell große wissenschaftliche Bedeutung des Fundes als neue Dinosaurierart erst nach der Präparation durch den Eichstätter Pino Völkl im Jahre 2006 publik wurde."

„Dass wir da etwas ganz Besonderes hatten, das war uns aber noch im Steinbruch sofort klar", erinnerte sich Klaus-Dieter Weiß. „Mit Meißel und Fäustel brachen wir eine Kluft auf, in der wir eine Platte fanden, die am Boden festgesintert, also kristallin quasi festgewachsen war. Ich spaltete die kleineren Platten auf, und mein Bruder Hans hebelte die große Platte mit der Spitzhacke hoch." Dann nahm er die kleine Platte, schlug mit dem Hammer drauf und eine zirka zehn Zentimeter breite und muschelförmige Platte sprang auf. „Ich musste zweimal hinsehen, um wirklich zu verstehen, was da vor mir lag: Mit Tränen in den Augen hielt ich die Platten meinem Bruder entgegen. Uns war schnell bewusst, dass dies der Fund unseres Lebens war", erklärte Klaus-Dieter Weiß.

Schädel des Raubdinosauriers Juravenator starki
aus einem Steinbruch bei Schamhaupten in Oberbayern
im „Jura-Museum Eichstätt".
Foto: Ghedoghedo / CC-BY-SA4.0 (via Wikimedia Commons),
lizensiert unter Creative-Commons-Lizenz by-sa-4.0,
https://creativecommons.org/licenses/by-sa/4.0/legalcode

Der Fundhorizont in den Kieselkalken bei Schamhaupten dürfte 500.000 bis eine Million Jahre älter sein als der Solnhofener Plattenkalk, aus dem Flugsaurier und Urvögel wie *Archaeopteryx* bekannt sind. Anfangs konnte man bei dem im Steinbruch bei Schamhaupten entdeckten Fossil lediglich den Schädel und die vordersten Halswirbel eines Tieres in der ersten von drei Gesteinsplatten erkennen. Es zog sich fast ein Jahr dahin, bis allein der Schädel freigelegt war. Bereits 1999 berichtete Museumsdirektor Viohl in der Zeitschrift „Archaeopteryx" über den Fund eines neuen kleinen Theropoden. Unter letzterem Begriff versteht man einen Raubtierfußdinosaurier. Ebenfalls 1999 informierte der Präparator Pino Völkl in der Zeitschrift „Der Präparator" über den sensationellen Saurierfund bei Schamhaupten.

Bei der Bergung der Platte mit dem Schädel und vordersten Halswirbeln brachen anschließende Platten ab. Ob sie weitere Skelettteile enthielten, wusste man vorerst nicht. Die Kieselkalke sind teilweise so dicht, dass selbst auf Röntgenaufnahmen mit verschiedenen Verfahren auf den Gesteinsschichten fast nichts zu erkennen war. 2003 beauftragte die neue Direktorin des „Jura-Museums Eichstätt", Dr. Martina Kölbl-Ebert, den Museumspräparatot Pino Völkl mit der weiteren Bearbeitung der Anschlussplatten. Nach zusätzlichen 700 Arbeitsstunden unter Einsatz von Diamantwerkzeugen kam ständig mehr von dem Fossil ans Tageslicht: Halswirbelsäule, Vorderarme mit Krallen und fast der komplette Schwanz. Nun wurde klar, dass die betonharten Gesteinsplatten das nahezu vollständige Skelett eines kleinen Raubdinosauriers enthielten.

Vor der wissenschaftlichen Erstbeschreibung wurde der Fund von dem zwölfjährigen Sohn von Klaus-Dieter Weiß scherzhaft „Borsti" genannt. Dies geschah in der fälschlichen Annahme, dieser Dinosaurier habe möglicherweise Protofedern besessen.

Raubdinosaurier Juravenator aus einem Steinbruch bei Schamhaupten in Oberbayern im „Jura-Museum" in Eichstätt.
Foto: Superikonoskop / CC-BY-SA3.0 (via Wikimedia Commons), lizensiert unter Creative-Commons-Lizenz by-sa-3.0, https://creativecommons.org/licenses/by-sa/3.0/legalcode

Anzeichen von Federn hat man bei der folgenden wissenschaftlichen Untersuchung nicht beobachtet.

Das Skelett des kleinen Raubdinosauriers ist in eine 87 Zentimeter lange, 71 Zentimeter breite und 3,5 Zentimeter dicke Kieselkalksteinplatte eingebettet. Von der Schnauze bis zum erhaltenen Schwanzende misst das Skelett etwa 65 Zentimeter. Vom langen Schwanz blieben die vordersten 44 Wirbel erhalten. Zum Vergleich: Der einzige komplette Schwanz eines *Sinosauropteryx* aus China besteht aus 64 Wirbeln. Die fehlende Schwanzspitze von *Juravenator* könnte rund 10 bis 15 Zentimeter lang gewesen sein, was eine ursprüngliche Gesamtlänge von ungefähr 75 bis 80 Zentimeter ergibt.

Die Direktorin des „Jura-Museums Eichstätt", Dr. Martina Kölbl-Ebert überließ den Sensationsfund der deutschen Paläontologin Dr. Ursula B. Göhlich und dem argentinischen Paläontologen Louis M. Chiappe zur wissenschaftlichen Untersuchung. Dr. Göhlich arbeitete damals am „Department für Geo- und Umweltwissenschaften der Ludwig-Maximilians-Universität, Sektion Paläontologie", in München (später am „Naturhistorischen Museum Wien"). Dr. Chiappe wirkte am „American Museum of Natural History" in New York City und am „Dinosaur Institute des Natural History Museum of Los Angeles County" und forschte 2005 in München.

Anfangs hegten diese zwei Experten den Verdacht, bei dem bei Schamhaupten entdeckten Fossil könne es sich um einen weiteren Zwergdinosaurier der Art *Compsognathus longipes* handeln, von dem seit 1859 aus Bayern und seit 1971 aus Südfrankreich jeweils ein Skelettfund vorlagen. Darauf deuteten das gemeinsame Herkunftsgebiet, das nur wenig unterschiedliche geologische Alter, die Kleinwüchsigkeit und das ähnliche Aussehen von *Compsognathus* und dem Neufund des Sauriers bei Schamhaupten hin. Doch diese Vermutung hat

*Abguss des Originalfundes des Zwergdinosauriers
Compsognathus longipes aus Bayern
im „Oxford University Museum of Natural History".
Foto: Ballista / CC-BY-SA3.0 (via Wikimedia Commons),
lizensiert unter Creative-Commons-Lizenz by-sa-3.0-de
http://creativecommons.org/licenses/by-sa/3.0/legalcode*

sich bei den wissenschaftlichen Untersuchungen nicht bestätigt. Ursula B. Göhlich und Luis M. Chiappe beschrieben am 16. März 2006 in der englischen Wissenschaftszeitschrift „Nature" den Fund bei Schamhaupten und bezeichneten ihn als *Juravenator starki*. Der Gattungsname *Juravenator* („Jäger des Juragebirges") besteht aus dem Begriff Jura und dem lateinischen Wort venator (Jäger). Der Artname erinnert an die Familie Stark, die Besitzer des Steinbruches, im dem *Juravenator* gefunden wurde. Entdecker Klaus-Dieter Weiß bedauerte, dass dieses Fossil nicht *Juravenator weißstarki* genannt wurde, womit Steinbruchbesitzer und Entdecker gleichermaßen geehrt worden wären. Klaus-Dieter hatte für die Grabungen seinen ganzen fünfwöchigen Sommerurlaub geopfert und sich dabei sogar einige Rippen gebrochen. Sein Bruder Hans-Joachim hatte sich bei den Grabungen auf die Hand geschlagen.

Der 1959 in Frankfurt am Main geborene Klaus-Dieter Weiß begeistert sich bereits als Achtjähriger für Fossilien, ergriff den Beruf des Maschinenschlossers und überließ viele der von ihm gefundenen und selbst präparierten Funde kostenlos Museen und Universitätsinstituten. Rund 10 Prozent seiner Fossilien zeigt er in seinem öffentlich zugänglichen Fossilienmuseum in Kelkheim-Fischbach mit einer der größten privaten Fischsammlungen. 2004 gründete er den Verein „Palaeo-Geo e. V., Kelkheim". Dieser unterstützt die paläontologische Wissenschaft, das Bergen, Präparieren und Übergeben von Fossilien an wissenschaftliche Institute und die Hilfe bei der Aufarbeitung von Museumssammlungen. 2004 erhielt Klaus-Dieter Weiß das Bundesverdienstkreuz am Band und 2009 die Karl-Alfred-von Zittel-Medaille der „Paläontologischen Gesellschaft".

Über die Fundgeschichte und Präparation von *Juravenator* berichteten 2006 der Paläontologe und Urvogel-Forscher Helmut Tischlinger aus Stammham sowie die bereits erwähnten

*Etwa 1,80 Meter großer Riesenammonit Parapuzosia seppenradensis
aus Seppenrade im Münsterland,
ausgestellt im „Westfälischen Museum für Naturkunde", Münster,
„Fossil des Jahres 2008".
Foto: Schuetze 1988 / CC-BY-SA3.0 (via Wikimedia Commons),
lizensiert unter Creative-Commons-Lizenz by-sa-3.0,
https://creativecommons.org/licenses/by-sa/3.0/legalcode*

Paläontologen Ursula B. Göhlich und Luis M. Chiappe in der Zeitschrift „Fossilien".

Laut Online-Lexikon „Wikipedia" wurde nie zuvor ein so gut erhaltener Raubdinosaurier wie *Juravenator* in Europa gefunden. Es handelte sich um ein Jungtier mit – wie erwähnt – einer Länge zwischen etwa 75 und 80 Zentimetern. *Juravenator* war ein Zeitgenosse des kleinen Raubdinosauriers *Compsognathus longipes*, der seit 1859 aus Eichstätt oder Jachenhausen bei Riedenburg in Bayern nachgewiesen ist und eine Länge von ca. 70 Zentimetern erreichte.

Der Fund von *Juravenator* bei Schamhaupten stammt von einem vermutlich wenige Wochen bis mehrere Monate alten Tier, das vielleicht ebenso wie der bereits erwähnte Zwergdinosaurier *Compsognathus* bei einer Überschwemmung von einer Welle ins Wasser gerissen wurde und ertrank. Bei dem ungewöhnlich gut erhaltenen Fossil sind sogar Weichteile und Abdrücke der Haut mit kleinen Pusteln erkennbar.

Die „Paläontologische Gesellschaft" kürte *Juravenator starki* zum „Fossil des Jahres 2009". Diese Auszeichnung wurde damals erst zum zweiten Mal verliehen. Im Jahr zuvor war der mit einem Durchmesser von ungefähr 1,80 Metern größte Ammonit der Welt namens *Parapuzosia seppenradensis* aus Seppenrade im Münsterland das „Fossil des Jahres 2008" gewesen. Die 1912 gegründete „Paläontologische Gesellschaft" mit rund 1.000 Mitgliedern will mit dieser Auszeichnung der Bedeutung von fossilen Objekten Rechnung tragen und ihre Erforschung durch die Wissenschaft der Paläontologie in der Öffentlichkeit stärker ins Bewusstsein bringen.

Der Originalfund mit der Inventarnummer JME Sch200" und ein Modell von *Juravenator starki* wurden im „Jura-Museum Eichstätt" öffentlich ausgestellt und sind dort eine Attraktion. Auf einem „Touchscreen" konnte man per Berührung

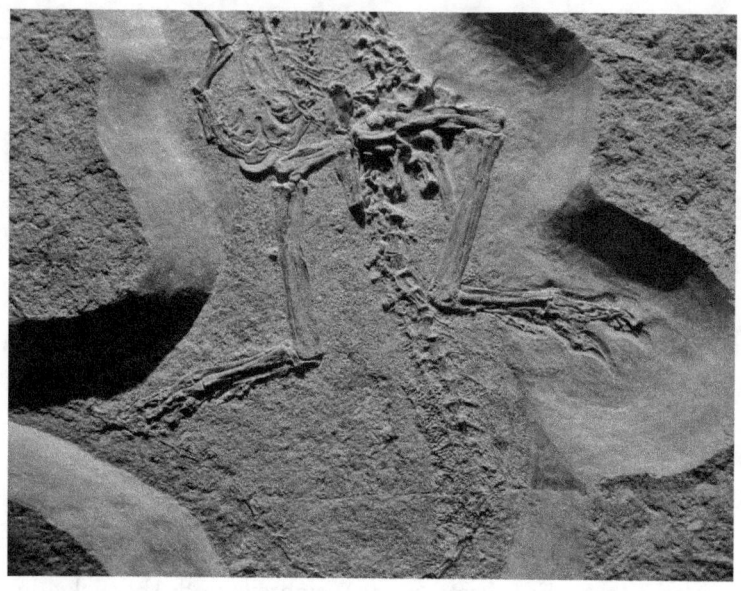

Teilansicht des Skelettes von Juravenator starki
aus einem Steinbruch bei Schamhaupten in Oberbayern
im „Jura-Musuem" in Eichstätt.
Foto: Ghedoghedo / CC-BY-SA4.0 (via Wikimedia Commons),
lizensiert unter Creative-Commons-Lizenz by-sa-4.0,
https://creativecommons.org/licenses/by-sa/4.0/legalcode

zahlreiche Informationen über *Juravenator* abrufen. Auf diese Weise erfuhr man von seinen messerscharfen Krallen, versteinerten Meeresasseln, die sich als Aasfresser am toten *Juravenator* gütlich getan hatten und von einer Schuppenreihe am Schwanz des Dinosauriers.

Juravenator existierte auf einer Insel im Jurameer Tethys, von der bei Schamhaupten fossile Zweige von Koniferen, Samenfarne und teilweise mehrere Meter lange Treibholzreste vorliegen. In der Oberjurazeit vor etwa 151 Millionen Jahren waren weite Gebiete von Bayern vom Meer bedeckt. *Juravenator* ging zweibeinig, jagte und verzehrte Brückenechsen, kleine Landkrokodile, junge Meeresschildkröten, Insekten sowie vielleicht auch unvorsichtige Flugsaurier und Urvögel. Sein relativ groß wirkender Kopf mit großen Augenöffnungen war 8,2 Zentimeter lang. Laut „Dinodata.de" weist der Kopf am Rand des Oberkiefers eine Besonderheit auf. Nämlich eine kleine Einkerbung, die in dieser Form noch von keinem anderen Dinosaurier bekannt ist. Seine sichelartig gebogenen und am Hinterrand mit gezähnelten Schneidekanten versehenen Zähne waren scharf und weisen ihn als Raubdinosaurier aus. Im Brustkorbbereich gab es 12 und im Bauchraum 13 Rippenpaare. Die Hinterbeine mit vier Zehen waren doppelt so lang wie die Vorderarme mit jeweils drei kräftigen Krallen an den Greifhänden.

Der bei Schamhaupten geborgene *Juravenator* hatte die Größe eines heutigen Huhns mit einem Lebendgewicht von schätzungsweise einem Kilogramm. Vielleicht wurde er wie der rund 140 Jahre zuvor entdeckte Raubdinosaurier *Compsognathus* von einer Sturzflut ins Meer geschwemmt und ertrank dort. Weil sein Skelett vollständig und unversehrt überliefert ist, dürfte *Juravenator* nicht die Jagdbeute eines größeren Raubdinosauriers geworden sein. Auch Aasfresser machten sich

Coelurosaurier Sinosauropteryx („chinesischer Echsenflügel").
Abguss im „Staatlichen Museum für Naturkunde", Stuttgart.
Foto: Llez / CC-BY-SA3.0 (via Wikimedia Commons9,
lizensiert unter Creative-Commons-Lizebz by-sa-3.0,
https://creativecommons.org/licenses/by-sa/3.0/legalcode

an ihm nicht zu schaffen. Nach dem Tod überwucherten ihn Bakterien und schützten ihn vor Zerstörung. Knochen und Teile des Gewebes versteinerten.

Wegen der mutmaßlichen Endgröße von *Juravenator* stellte man Vergleiche mit seinen nächsten bekannten Verwandten an. Nämlich einem *Compsognathus* aus der Oberjurazeit von Canjuers in Südfrankreich sowie einem *Sinosauropteryx* aus der Unterkreidezeit von China und einem *Huaxiagnathus* aus der Unterkreidezeit in China. Demzufolge hätte der jugendliche *Juravenator* mit einer Länge von 80 und einer Höhe von 25 Zentimetern als erwachsenes Tier von der Kopf- bis zur Schwanzspitze eine Länge von 1,50 bis 2 Metern erreichen können.

Laut Analysen des Forscherduos Göhlich und Chiappe von Schädelöffnungen, Knochen und Zähnen des *Juravenator* gehört dieser zur Gruppe der Coelurosaurier („Hohlschwanzechsen"). Zu diesem Ergebnis führten Skelettvergleiche mit 25 anderen Arten von Raubdinosauriern aus aller Welt und eine computergestützte Auswertung von 189 Skelettmerkmalen. Hauptmerkmal aller Coelurosaurier sind dünnwandige Knochen, denen diese ihren leichten Körperbau verdanken. Die meisten Coelurosaurier gingen auf ihren kräftigen Hinterbeinen. An ihren Armen befanden sich Klauen, mit denen sie Beutetiere ergreifen konnten.

Die Coelurosaurier zählten zu den ersten Dinosauriern überhaupt. Sie behaupteten sich von der Obertriaszeit vor etwa 228 Millionen Jahren bis zum Ende der Kreidezeit vor ungefähr 66 Millionen Jahren. Mit Ausnahme der Vögel kamen sie beim Massenaussterben an der Wende von der Kreidezeit zum Paläogen (früher: Tertiär) um.

Zu den Coelurosauriern rechnet man Funde aus China wie *Caudipteryx* („Federschwanz") und *Sinosauropteryx* („chine-

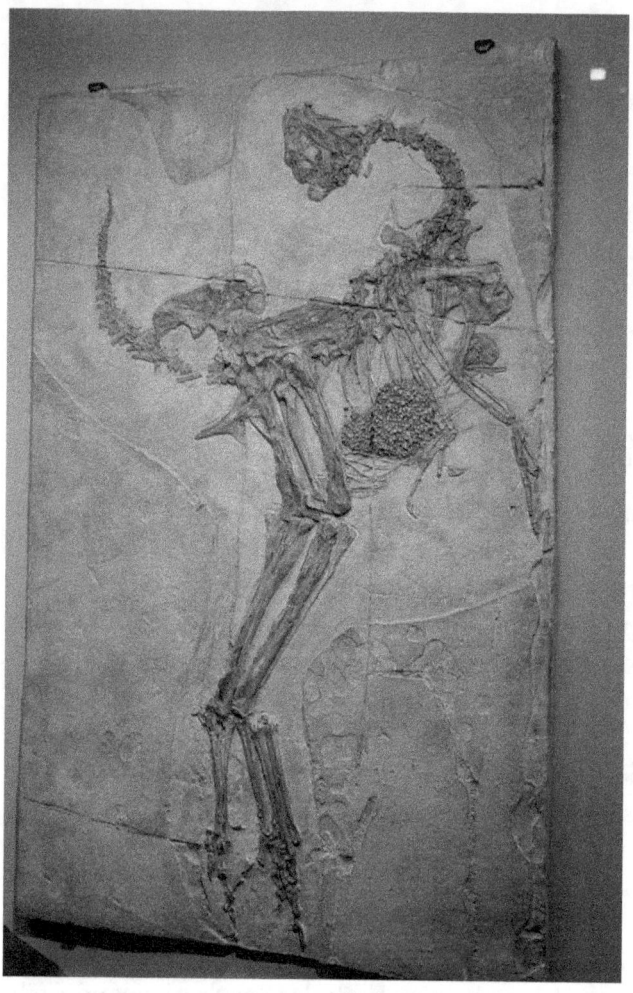

*Abguss eines Coelurosauriers Caudipteryx zoui
aus der Provinz Liaoning (China)
im „Naturhistorischen Museum Wien".
Foto: A,Ocram (via Wikimedia Commons),
Lizenz: gemeinfrei (Public domain)*

sischer Echsenflügel"). *Caudipteryx* trug längere Federn an Armen und Schwanzspitze. *Sinosauropteryx* hatte Federflaum. Mit ihm soll *Juravenator* nahe verwandt sein.

Ein Teil der Wissenschaftler betrachtet die heutigen Vögel als Coelurosaurier. Alle bis zur Entdeckung von *Juravenator* bekannten Funde mit Haut- und Gewebeteilen von Coelurosauriern besaßen Federn oder zumindest erste Ansätze von solchen. Unter ultraviolettem Licht erkannte man auch bei *Juravenator* teilweise Gewebereste. Dies ließ die wissenschaftlichen Bearbeiter auf Zeichen einer Befiederung hoffen. Aber sie beobachteten nur Abdrücke schuppiger Haut mit kleinen Warzen und Pusteln wie von einer Krustenechse. Wenn *Juravenator* tatsächlich keine Federn trug, sind nicht alle Coelurosaurier gefiederte Dinosaurier gewesen.

Manche Experten glauben, dass unsere heutigen Vögel zwar mit Dinosauriern verwandt sind, aber nicht von ihnen abstammen. Zu diesen Skeptikern gehört der Paläontologe und Ornithologe Alan Feduccia von der „University of North Carolina" in Chapel Hill. Auf wissenschaftlichen Konferenzen trugen er und Gleichgesinnte zuweilen öffentlich Sticks mit der Abkürzung „BAND" für „Birds are not dinosaurs" („Vögel sind keine Dinosaurier"). Feduccia betrachtet die Archosaurier als Vogelahnen. Von letzteren sollen Vögel und Dinosaurier abstammen. Dinosaurier mit Federn passen nicht in das Konzept von Feduccia. Deswegen erklärt er Dinosaurier mit eindeutig nachgewiesenen Flugfedern als Vogelnachfahren und lehnt die Existenz von Federansätzen bei anderen Dinosauriern ab. Durch *Juravenator* sieht Feduccia bestätigt, dass die Flaumfedern nur Traumfedern seiner Kollegen seien.

Ursula B. Göhlich und Luis M. Chiappe dagegen sind von den Federabdrücken in Fossilien anderer Coelurosaurier überzeugt. Nach ihrer Ansicht ist die Kinderstube der Vögel bei den

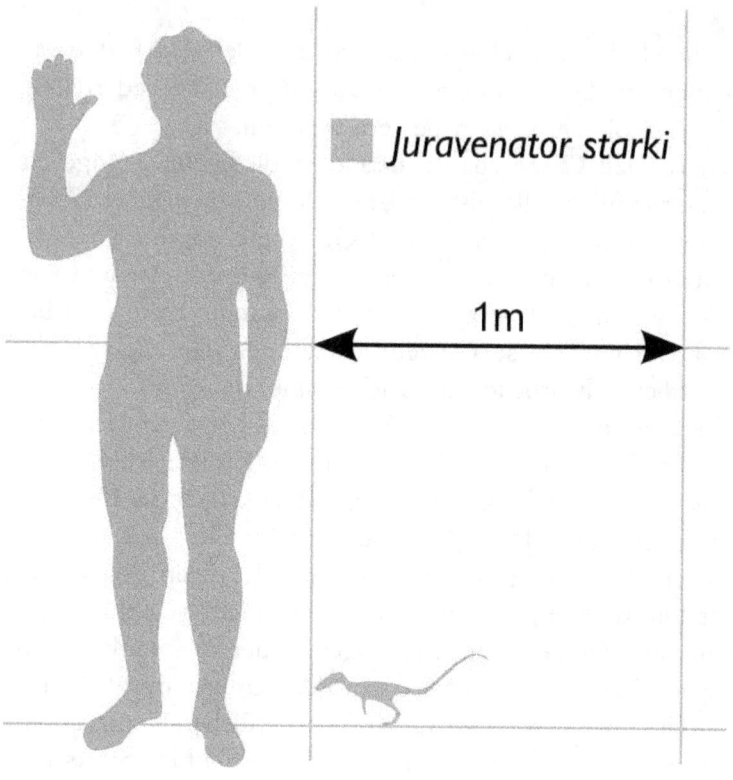

Juravenator starki

1m

Größenvergleich zwischen Mensch und Juravenator starki.
Zeichnung: dinoguy2 und Serenthia / CC-BY-SA2.5
(via Wikimeia Commons),
lizensiert unter Creative-Commons-Lizenz by-sa-2.5-en,
https://creativecommons.org/licenses/by-sa/2.5/legalcode

Coelurosauriern zu suchen. Die überwältigenden Ähnlichkeiten im Skelett, die Produktion von Eiern und der Aufbau der Eischalen ließen keine anderen Schlüsse zu. Göhlich und Chiappe denken darüber nach, weshalb *Juravenator* aus der Reihe fällt. Vielleicht sei die Befiederung doch nicht ein zentrales Merkmal aller Coelurosaurier. Einige von diesen könnten federlos gewesen sein. Die Vorfahren von Juravenator könnten Federn besessen haben, nur in seiner Generation waren sie schon wieder verloren. Oder Juravenator trug vielleicht an anderen Körperteilen Federn, die leider nicht erhalten seien. Der chinesische Experte Xing Xu vom „Institut für Wirbeltier-Paläontologie" in Peking spekuliert, *Juravenator* könne der Startpunkt der Federentwicklung sein.

Frankfurter Paläontologe Hermann von Meyer (1801–1869).
Bild: Lithographie von C. J. Allemagne 1837

Dinosaurierfunde in Deutschland

1834: Entdeckung des ersten Dinosauriers *(Plateosaurus engelhardti)* in Franken
1837: Hermann von Meyer beschreibt *Plateosaurus engelhardti* aus Franken
um 1840: Wilhelm Dunker entdeckt bei Obernkirchen (Niedersachsen) einen Zahn des Leguanzahndinosauriers *Iguanodon*
1857: Hermann von Meyer beschreibt *Stenopelix valdensis* aus den Bückebergen (Niedersachsen)
1859: Andreas Wagner beschreibt *Compsognathus longipes* aus Kelheim oder Jachenhausen bei Riedenburg (Bayern)
1861: Hermann von Meyer bezeichnet eine 1860 in Solnhofen entdeckte Feder als *Archaeopteryx lithographica.*
1861 findet man bei Langenaltheim das erste Skelettexemplar eines Urvogels, den man ebenfalls *Archaeopteryx* zurechnet. *Archaeopteryx* gilt heute als Raubdinosaurier.
1879–1881: Erste Fährtenfunde in den Bückebergen und den Rehburger Bergen (Niedersachsen)
1904: Erste Knochenfunde in Trossingen (Baden-Württemberg)
1908: Friedrich von Huene beschreibt *Sellosaurus gracilis* (heute: *Plateosaurus gracilis)* und *Halticosaurus longotarsus* (heute: *Liliensternus liliensterni)*
1909: *Procompsognathus* wird am Nordhang des Stromberges bei Pfaffenhofen (Baden-Württemberg) entdeckt;
der Schüler Hermann Weiß entdeckt Plateosaurierknochen

Stuttgarter Paläontologe Eberhard Fraas (1862–1915).
Foto: (via Wikimedia Commons),
Lizenz: gemeinfrei (Public domain)

in Trossingen;
erste Dinosaurierskelettfunde in Halberstadt (Sachsen-
Anhalt)
1910: Die Grabungen in Halberstadt beginnen
1911: Wichtige Fährtenfunde im Keuper Württembergs
1911–1912: Erste Trossinger Grabung
1913: Eberhard Fraas beschreibt *Procompsognathus triassicus*
vom Nordhang des Stromberges bei Pfaffenhofen (Baden-
Württemberg)
1921: Die Barkhausener Dinosaurierfährten (Niedersachsen)
werden entdeckt
1921–1923: Zweite Trossinger Grabung
1932: Dritte Trossinger Grabung. Bei insgesamt sechs
Grabungen werden Reste von fast 100 Plateosauriern
geborgen
1932/1933: Hugo Rühle von Lilienstern gräbt am Großen
Gleichberg in Thüringen zwei Skelette von *Plateosaurus* und
zwei weitere von *Liliensternus* (früher: *Halticosaurus*) aus
1934: Willi Weiss entdeckt in Franken die Fährte
Coelurosaurichnus schlauersbachensis
1948: Die Fährte *Coelurosaurichnus (Dinosaurichnium) moeni*
wird beschrieben
1950: Karl Beurlen beschreibt die Fährte *Coelurosaurichnus
kehli;*
Kurt Rehnelt beschreibt die Fährten *Coelurosaurichnus
schlehenbergensis* und *Coelurosaurichnus kronbergeri;*
1952: Florian Heller beschreibt die Fährte *Coelurosaurichnus
metzneri* die ab 1986 der Fährtengattung A*treipus* zugerechnet
wird
1958: Oskar Kuhn beschreibt zwei Dinosaurierfährten aus
Franken: *Coelurosaurichnus ziegelangerensis* und *Coelurosaurichnus
sassendorfensis*

1963: *Emausaurus* wird in einer Tongrube bei Greifswald (Mecklenburg-Vorpommern) entdeckt

1975: Erste Dinosaurierknochen aus Nehden bei Brilon (Nordrhein-Westfalen) tauchen auf

1978: Rupert Wild beschreibt *Ohmdenosaurus liasicus* aus der Gegend von Ohmden (Baden-Württemberg)

1979: Die Münchehagener Dinosaurierfährten werden entdeckt

1979–1982: Ausgrabungen in Nehden mit großartigen Funden der Leguanzahndinosaurier *Iguanodon atherfieldensis* und *Iguanodon bernissartensis*

1982: Im Wiehengebirge (Nordrhein-Westfalen) wird ein vermeintliches Schwanzstachelfragment des Stegosauriers *Lexovisaurus* entdeckt; Kurt Rehnelt beschreibt die Fährte *Coelurosaurichnus arntzeniusi*

1988: Im Stromberg bei Pfaffenhofen (Baden-Württemberg) kommt die Fährte eines *Procompsognathus* ähnelnden Raubdinosauriers samt Hautabdruck zum Vorschein

1989: In Baden-Württemberg wird anhand einer Fährte ein weiterer Raubierfußdinosaurier (Theropode) nachgewiesen, der *Syntarsus* gleicht

1990: Der gepanzerte Dinosaurier *Emausaurus ernsti* aus einer Tongrube bei Greifswald (Mecklenburg-Vorpommern) wird von Hartmut Haubold beschrieben

1991: Neue Fährtenfunde eines großen Raubtierfußdinosauriers in Baden-Württemberg

2004: In Münchehagen (Niedersachsen) werden nahe der 1979 entdeckten alten Fundstelle weitere Dinosaurierfährten gefunden

2006: P. Martin Sander, Octávio Mateus, Thomas Laven und Nils Knötschke beschreiben den Elefantenfußdinosaurier

Europasaurus holgeri aus dem Kalksteinbruch Langenberg bei
Göttingerode (Niedersachsen). Der Artname erinnert an
den Entdecker Holger Lüdtke
2006: Ursula B. Göhlich und Louis M. Chiappe beschreiben
den 1998 bei Schamhaupten unweit von Eichstätt (Bayern)
entdeckten Raubdinosaurier *Juravenator starki*
2007: Die Dinosaurierfährten von Obernkirchen
(Niedersachsen) werden entdeckt
2012: Oliver Rauhut, Christian Foth, Helmut Tischlinger und
Mark A. Norell beschreiben den 2009 oder 2010 bei Painten
unweit von Kelheim (Bayern) ausgegrabenen
Raubdinosaurier *Sciurumimus albersdoerferi*
2016: Oliver Rauhut, Tom R.. Hübner und Klaus-Peter
Lanser beschreiben den 1998 von dem Geologen Friedrich
Albat im Wiehengebirge bei Minden (Nordrhein-Westfalen)
entdeckten Raubdinosaurier *Wiehenvenator albati*
2017: Oliver Rauhut und Christian Foth identifizieren ein
1855 in Jachenhausen bei Riedenburg (Bayern) geborgenes
Fossil als Raubdinosaurier und nennen es *Ostromia crassipes*.
Vorher galt dieser Fund, der im „Teylers Museum" in
Haarlem (Niederlande) aufbewahrt wird, als Urvogel.
2022: Ingmar Werneburg und Omar Regalado Fernandez
beschrieben eine 1922 von Friedrich von Huene bei
Trossingen entdeckte, *Plateosaurus* zugeschriebene und in
der Paläontologischen Sammlung der Universität Tübingen
aufbewahrte Hüfte als neue Gattung und Art namens
Tuebingosaurus maierfritzorum.

Literatur

CHLOUPEK, Eva (2009): Der Fund ihres Lebens. In: *Donau-Kurier,* 26. 1. 2009, Ingolstadt.

DINODATA.DE: *Juravenator starki* dinodata.de/animals/dinosaurs/pages_j/juravenator.php

GÖHLICH, Ursula B. / CHIAPPE, Luis M. (2006): A new carnivorous dinosaur from the Late Jurassic Solnhofen archipelago. In: Nature, 440: S. 329–332, London.

GÖHLICH, Ursula B. / TISCHLINGER, Helmut / CHIAPPE, Luis M. (2006): *Juravenator starki* (Reptilia, Theropoda), ein neuer Raubdinosaurier aus dem Oberjura der Südlichen Frankenalb (Süddeutschland). In: *Archaeopteryx,* 24: S. 1–26, Eichstätt.

LUGGER, Beatice (2006): Paläontologie. Spektakulärer Dinosaurierfund in Bayern. In: Focus Magazin, 15. März 2006, München. https://www.focus.de/wissen/ palaeontologie_aid_106221.html

LUGGER, Beatrice (2006): Dino-Expertin Ursula Göhlich: „Ein echter Forscherkrimi". In: *Focus Magazin,* 17. März 2006, München. https://www.focus.de/wissen/natur/ palaeontologie_aid_106310.html

LUGGER, Beatrice (2006): Paläontologie: Federloses Federvieh. In: *Focus Magazin,* 20. März 2006, München. https://www.focus.de/wissen/natur/palaeontologie-federloses-federvieh_aid_215099.html

PROBST, Ernst (1986): Deutschland in der Urzeit. Von der Entstehung des Lebens bis zum Ende der Eiszeit,

C. Bertelsmann, München.

PROBST, Ernst (2010): Dinosaurier von A bis K. Von Abelisaurus bis Kritosaurus, GRIN, München.

PROBST, Ernst (2010): Dinosaurier von L bis Z. Von Labocania bis Zupaysaurus, GRIN, München.

PROBST, Ernst / WINDOLF, Raymund (1993): Dinosaurier in Deutschland, C. Bertelsmann, München.

RENESTO, Silvio / VIOHL, Günter (1997): A Sphenodontid (Reptilia, Diapsida) from the Late Kimmeridgian of Schamhaupten (Southern Franconian Alb, Bavaria, Germany). In: Archaeoptryx, 15: S. 27–46, Eichstätt.

TISCHLINGER, Helmut / GÖHLICH, Ursula B. / CHIAPPE, Luis M. (2006): Borsti, der Dinosaurier aus dem Schambachtal: Erfolgsstory mit Hindernissen! In: Fossilien, 23(5): S. 278–287, Korb.

VIOHL, Günther (1999: Fund eines neuen kleinen Theropoden. In: *Archaeopteryx*, 17: S. 15–19, Eichstätt.

VIOHL, Günter / ZAPP, M. (2005): Schamhaupten, an Outstanding Fossil-Lagerstätte in a Silicified Plattenkalk (Kimmeridgian-Tithonian Boundary, Southern Franconian Alb, Bavaria). In: *Zitteliana*, (B) 26: S. 26–27, München.

VÖLKL, Pino (1999): Sensationeller Saurierfund. In: *Der Präparator*, 45(4), S. 145–150.

WAS IST WAS? *Juravenator starki* – Das Fossil des Jahres 2009 https://www.wasistwas.de/archiv-natur-tiere-details/juravenator-starki-das-fossil-des-jahres-2009.html

WIKIPEDIA (Online-Lexikon): *Juravenator* https://de.wikipedia.org/wiki/Juravenator

WIKIPEDIA (Online-Lexikon): Luis M. Chiappe https://de.wikipedia.org/wiki/Luis_M._Chiappe

WIKIPEDIA (Online-Lexikon): Ursula B. Göhlich https://de.wikipedia.org/wiki/Ursula_B._G%C3%B6hlich

Der Autor

Ernst Probst, 1946 in Neunburg vorm Wald (Oberpfalz) geboren, war von 1973 bis 2001 verantwortlicher Redakteur bei der „Allgemeinen Zeitung" in Mainz und betätigte sich in seiner Freizeit als Wissenschaftsautor. Ab 1977 beschäftigte er sich mit der Erdgeschichte Deutschlands, zunächst als Fossiliensammler im Mainzer Becken, später als Verfasser von Artikeln für Tages- und Wochenzeitungen in Deutschland, Österreich und der Schweiz. Die „Welt" nannte sein 1986 erschienenes Buch „Deutschland in der Urzeit" ein „Glanzstück deutscher Wissenschaftspublizistik". Bis heute veröffentlichte er mehr als 300 Bücher, Taschenbücher und Broschüren aus den Themenbereichen Paläontologie, Kryptozoologie, Archäologie und Geschichte.

Bücher von Ernst Probst

(Auswahl)

Als Mainz noch nicht am Rhein lag
Archaeopteryx. Die Urvögel in Bayern
Der Europäische Jaguar
Der Mosbacher Löwe. Die riesige Raubkatze aus Wiesbaden
Der Rhein-Elefant. Das Schreckenstier von Eppelsheim
Der Ur-Rhein. Rheinhessen vor zehn Millionen Jahren
Deutschland im Eiszeitalter
Deutschland in der Frühbronzezeit
Deutschland in der Mittelbronzezeit
Deutschland in der Spätbronzezeit
Die Aunjetitzer Kultur in Deutschland
Die Straubinger Kultur in Deutschland
Die Singener Gruppe
Die Arbon-Kultur in Deutschland
Die Ries-Gruppe und die Neckar-Gruppe
Die Adlerberg-Kultur
Der Sögel-Wohlde-Kreis
Die nordische Bronzezeit in Deutschland
Die Hügelgräber-Kultur in Deutschland
Die ältere Bronzezeit in Nordrhein-Westfalen
Die Bronzezeit in der Lüneburger Heide
Die Stader Gruppe
Die Oldenburg-emsländische Gruppe
Die Urnenfelder-Kultur in Deutschland
Die ältere Niederrheinische Grabhügel-Kultur
Die Unstrut-Gruppe
Die Helmsdorfer Gruppe
Die Saalemündungs-Gruppe

Buch „Dinosaurier in Deutschland" (1993)
von Ernst Probst und Raymund Windolf (1953–2010)

Die Lausitzer Kultur in Deutschland
Die Dolchzahnkatze Megantereon
Die Dolchzahnkatze Smilodon
Die Säbelzahnkatze Homotherium
Die Säbelzahnkatze Machairodus
Die Schweiz in der Frühbronzezeit
Die Rhône-Kultur in der Westschweiz
Die Arbon-Kultur in der Schweiz
Die Schweiz in der Mittelbronzezeit
Die Schweiz in der Spätbronzezeit
Deutschland in der Urzeit. Von der Entstehung des Lebens
bis zum Ende der Eiszeit
Deutschland in der Steinzeit. Jäger, Fischer und Bauern
zwischen Nordseeküste und Alpenraum
Deutschland in der Bronzezeit. Bauern, Bronzegießer und
Burgherren zwischen Nordsee und Alpen
Dinosaurier in Deutschland (zusammen mit Raymund
Windolf)
Dinosaurier von A bis K. Von Abelisaurus bis zu
Kritosaurus
Dinosaurier von L bis Z. Von Labocania bis zu Zupaysaurus
Dinosaurier in Bayern. Von Cetiosauriscus bis zu
Sciurumimus
Der rätselhafte Spinosaurus. Leben und Werk des Forschers
Ernst Stromer von Reichenbach
Compsognathus. Der Zwergdinosaurier aus Bayern
Plateosaurus. Der Deutsche Lindwurm
Liliensternus. Ein Raubdinosaurier aus der Triaszeit
Eiszeitliche Geparde in Deutschland
Eiszeitliche Leoparden in Deutschland
Höhlenlöwen. Raubkatzen im Eiszeitalter

Johann Jakob Kaup. Der große Naturforscher aus Darmstadt

Monstern auf der Spur. Wie die Sagen über Drachen, Riesen und Einhörner entstanden

Neues vom Ur-Rhein. Interview mit dem Geologen und Paläontologen Dr. Jens Sommer

Österreich in der Frühbronzezeit

Österreich in der Mittelbronzezeit

Österreich in der Spätbronzezeit

Raub-Dinosaurier von A bis Z. Mit Zeichnungen von Dmitry Bogdanav und Nobu Tamura

Rekorde der Urmenschen. Erfindungen, Kunst und Religion

Rekorde der Urzeit. Landschaften, Pflanzen und Tiere

Säbelzahnkatzen. Von Machairodus bis zu Smilodon

Säbelzahntiger am Ur-Rhein. Machairodus und Paramachairodus

Was ist ein Menhir? Interview mit dem Mainzer Archäologen Dr. Detert Zylmann

Wer ist der kleinste Dinosaurier? Interviews mit dem Wissenschaftsautor Ernst Probst

Wer war der Stammvater der Insekten? Interview mit dem Stuttgarter Biologen und Paläontologen Dr. Günther Bechly

Kastel in der Vorzeit. Von der Jungsteinzeit bis Christi Geburt

Kostheim in der Vorzeit. Von der Jungsteinzeit bis Christi Geburt

Die Altsteinzeit. Eine Periode der Steinzeit in Europa vor etwa 1.000.000 bis 10.000 Jahren

Anno. 1.000.000. Deutschland in der älteren Altsteinzeit

Wiesbaden in der Steinzeit. Von Eiszeit-Jägern zu frühen Bauern

Österreich in der Altsteinzeit. Vor 250.000 bis 10.000 Jahren

Das Protoacheuléen. Eine Kulturstufe der Altsteinzeit vor etwa 1,2 Millionen bis 600.000 Jahren

Das Altacheuléen. Eine Kulturstufe der Altsteinzeit vor etwa 600.000 bis 350.000 Jahren

Das Jungacheuléen. Eine Kulturstufe der Altsteinzeit vor etwa 350.000 bis 150.000 Jahren

Das Moustérien. Die große Zeit der Neanderthaler

Das Moustérien in Österreich. Eine Kulturstufe der Altsteinzeit

Das Aurignacien. Eine Kulturstufe der Altsteinzeit vor etwa 35.000 bis 29.000 Jahren

Das Aurignacien in Österreich. Eine Kulturstufe der Altsteinzeit

Das Gravettien. Eine Kulturstufe der Altsteinzeit vor etwa 28.000 bis 21.000 Jahren

Das Gravettien in Österreich. Eine Kulturstufe der Altsteinzeit

Das Magdalénien. Die Blütezeit der Rentierjäger vor etwa 15.000 bis 11.500 Jahren

Das Magdalénien in Österreich. Eine Kulturstufe der Altsteinzeit

Die Federmesser-Gruppen. Eine Kulturstufe der Altsteinzeit vor etwa 12.000 bis 10.700 Jahren

Die Mittelsteinzeit. Eine Periode der Steinzeit vor etwa 8.000 bis 5.000 v. Chr.

Die Mittelsteinzeit in Baden-Württemberg

Die Mittelsteinzeit in Bayern

Die Mittelsteinzeit in Nordrhein-Westfalen

Die Jungsteinzeit. Eine Periode der Steinzeit vor etwa 5.500 bis 2.300 v. Chr.

Die ersten Bauern in Deutschland. Die Linienbandkeramische Kultur (5.500 bis 4.900 v. Chr.)

Die Ertebölle-Ellerbek-Kultur. Eine Kultur der
Jungsteinzeit vor etwa 5.000 bis 4.300 v. Chr.

Die Stichbandkeramik. Eine Kultur der Jungsteinzeit vor
etwa 4.900 bis 4.500 v. Chr.

Die Hinkelstein-Gruppe. Eine Kulturstufe der Jungsteinzeit
vor etwa 4.900 bis 4.800 v. Chr.

Die Rössener Kultur. Eine Kultur der Jungsteinzeit vor etwa
4.600 bis 4.300 v. Chr.

Die Baalberger Kultur. Eine Kultur der Jungsteinzeit vor
etwa 4.300 bis 3.700 v. Chr.

Die Michelsberger Kultur. Eine Kultur der Jungsteinzeit vor
etwa 4.300 bis 3.500 v. Chr.

Die Kupferzeit. Wie die ersten Metalle in Mitteleuropa
bekannt wurden

Pfahlbauten in Süddeutschland. Dörfer der Jungsteinzeit und
Bronzezeit an Seen, Mooren und Flüssen

Die Salzmünder Kultur. Eine Kultur der Jungsteinzeit vor
etwa 3.700 bis 3.200 v. Chr.

Die Wartberg-Kultur. Eine Kultur der Jungsteinzeit vor etwa
3.500 bis 2.800 v. Chr.

Die Chamer Gruppe. Eine Kulturstufe der Jungsteinzeit vor
etwa 3.500 bis 2.700 v. Chr.

Die Walternienburg-Bernburger Kultur. Eine Kultur der
Jungsteinzeit vor etwa 3.200 bis 2.800 v. Chr.

Die Kugelamphoren-Kultur. Eine Kultur der Jungsteinzeit
vor etwa 3.100 bis 2.700 v. Chr.

Die Schnurkeramischen Kulturen. Kulturen der
Jungsteinzeit vor etwa 2.800 bis 2.400 v. Chr.

Die Glockenbecher-Kultur. Eine Kultur der Jungsteinzeit
vor etwa 2.500 bis 2.200 v. Chr.